U0052167

怎麼可能！
無添加奶油&油還是一樣好吃！

好吃不發胖
低卡麵包

37道低脂食譜大公開

茨木くみ子
IBARAKI KUMIKO

NON

contents ●

本書的使用方式

■ 使用量杯大小為200mℓ，大量匙
　為15mℓ、小量匙為5mℓ。

■ 建議使用日產麵粉、檸檬。

■ 請選擇大小適中的雞蛋。

■ 請使用500W的微波爐。

■ 在製作過程中，需注意麵糰的濕
　度。若麵糰過乾，會做出乾硬，
　口感不佳的麵包。因此在關鍵的
　揉打麵糰過程至放入烤箱為止，
　一旦麵糰乾燥時，請在麵糰上噴
　水，防止麵糰乾燥。

■ 揉打麵糰、塑形時，若麵糰沾黏
　工作檯時，可撒些高筋麵粉，作
　為手粉，避免沾黏。不過，撒太
　多手粉會影響麵糰，所以請控制
　在最低的用量。

■ 烤製麵包時，需鋪上烤盤紙或烘
　焙用油紙。

■ 本書的麵包都是使用高速瓦斯烤
　箱來製作，所以不需特別預熱。
　若使用電子烤箱時，可視情況設
　定預熱時間，並依情況要延長烘
　烤時間。

■ 書中提供的「烘烤時間」及「發
　酵時間」皆為參考標準。可視麵
　包的狀態稍做調整。

烤製對身體有益又美味，
而且可以天天吃的麵包

就是想做出
「如米飯般的麵包」

你喜歡麵包嗎？我很喜歡。麵包對我來說，是和米飯一樣重要的主食。我常吃，量也很大。從以前到現在，我一直喜愛吃麵包。日本人的主食原本就以飯類為主，飯是由米和水一起蒸煮而成的，多麼簡單的食物啊！想做出「如米飯般的麵包」就是我製作麵包的原點。大家都愛日產的白米。既然這樣，那麼麵粉也要使用無須擔心採後處理（指農作物在收成後撒農藥）以及除草劑的日產米。畢竟，從我們生長的土地上栽種採收的作物，最適合我們的身體。只需簡單的材料，就如同以電鍋煮飯一樣簡單，只需有烤箱，就能輕鬆地烤製麵包。作法簡單，並可在短時間內做出的麵包，而且相當美味。這就是我理想中的麵包。

2 完全無須使用
奶油、油類

既然煮飯可以不用油，那麼製作麵包也可以不用。是因為以奶油或油製成的食物的卡路里都很高嗎？還是因為容易罹患生活習慣病呢？其實不使用油的理由不僅如此。從前，油是貴重物品，價格高昂，大家都只購買少量，並十分節省的使用。反觀現在，油成為超市中的廉價商品，大家也不再需要節省油的用量。而且現在油的原料不同，榨取方式也與從前不同。同樣的情況也發生在奶油等乳製品上。牛飼料內含有的藥物及飼養時所使用的藥物，都會殘留在牛的乳脂肪或油脂當中，但只要不使用油類製作，就可不必太在意藥物殘留的問題了。

3 不添加奶油、油類的好處

由於每天都會吃，所以想做出可令人安心食用的麵包。雖然這是不使用油製作的最大理由，但嘗試了幾次之後，卻發現到許多意想不到的好處。

A 由於不用油，所以卡路里相對較低且有益健康。連高卡路里的布里歐、可頌等，也比市售產品少了一半左右的油脂。

B 可以有效預防因攝取過多脂肪而罹患高血脂、糖尿病等生活習慣病。對十年後的自己與家人的健康管理更加有幫助。

C 少了添加奶油、油的過程，讓麵包製作變得更加簡單，也較不容易失敗，輕輕鬆鬆就可以完成。

D 可引出材料的味道，享受到材料的原有美味。由於油脂是具有魔法的調味料，只要使用油料理，不論是什麼食材都可以做出美味的料理。一旦將油從料理過程中去除，才能真正了解食材原本的味道，進而對食材有所堅持。

E 由於不用奶油或鮮奶油，所以花費也不高，經濟又實惠。

F 不使用油類製作，所以不需洗潔劑就可以簡單清洗器具或工作檯，事後的整理也能更加快速。

G 許多需油炸的麵包也省略油炸的步驟，全部改以烤箱製作，比油炸更簡單，也更不容易失敗。

4 製作麵包
其實很簡單！

麵包和點心的不同，就是有無使用酵母。酵母是一種活菌。我們先來了解此活菌喜歡的環境吧！其實酵母喜好的環境和人類一樣，泡澡時的溫度是令人們覺得舒適的溫度，也是酵母活動最旺盛的環境。因此，不必特地以溫度計去測量水溫。以手碰觸即可。

另一個重點是「麵包就是氣球」。只要揉捏含有酵母的麵糰至產生薄膜就可以，就如同之前所描述的，要順利進行發酵，置於適當水溫的環境內即可，也可以運用烤箱具備的發酵功能。等待麵糰膨脹至兩倍大後，開始塑形。進行最後發酵後，就可將麵糰放入烤箱中烘烤，即可完成烤製麵包，十分簡單且易上手。

5 以五穀雜糧為主的
簡單飲食

最近，不吃麵包或米飯等穀物的人有增加的趨勢。我卻不太一樣，三餐都是以穀物為主。就比例來看，穀物占八成，蔬菜類菜餚占一成，肉或魚等蛋白質的攝取大約占一成。穀物在體內會轉變為葡萄糖之類的能量。換言之，是容易燃燒、且環保的能量。由於燃燒快速，肚子立刻就餓了，餓了就會想要吃東西。於是身體會自然形成一種機制，就是能夠快速燃燒能量，進而變成基礎代謝率高的體質。一旦代謝率提高，以往所累積的脂質也變得容易燃燒，因此可以消除肥胖，並改善高血脂。這就是以不添加油的麵包創造出易瘦體質的另一種機制。此外，雖然米飯及麵包常給人含糖量高的印象，但一碗飯及一片麵包所含的蛋白質，卻相當於一杯牛奶或一小顆雞蛋。所以，以穀物為主的飲食生活，可培養出健康的身體。

Type 1
加水揉捏的
超簡單麵糰

基礎麵包

小餐包

不使用牛奶、雞蛋，
只須加水搓揉的
超簡單低卡麵包。
在身體內容易燃燒，
非常健康。
此外，百吃不膩的味道，
最適合作為餐包食用。
市售麵包一般都會添加
牛奶、雞蛋或酥油。
沒有加入這些材料
製作而成的小餐包，
可有效控制卡路里。

1個　類似產品 210 kcal ➡ 低卡食譜 123 kcal

材料（８份）

	高筋麵粉	125g
A	乾酵母	2小匙（7g）
	砂糖	2大匙
	水（加熱至40℃）	150㎖
B	高筋麵粉	125g
	鹽	1/2小匙

＊將水以微波爐加熱30秒至40℃。無須以
溫度計測量。以手碰觸，接近洗澡水的
溫度即可。

作法（所需時間約80分鐘）

A 混合

放入A的高筋麵粉，旁邊
放入乾酵母與砂糖。

對準乾酵母倒入加熱好的
水，並充分混合。另留2
大匙的水，作為調整用。

以木匙充分拌勻至乾酵母
完全溶解後，加入B的高
筋麵粉與鹽。

攪拌麵糰至柔軟，並同時
觀察麵糰會不會太乾。若
太乾，可加入預留的水作
為調整。

成功製作麵包的關鍵，就在於麵糰的柔軟度

　　儘管麵糰是加水至麵粉中製作而成，但要製作出膨鬆、好
吃的麵包，關鍵就在於是否能做出易於揉打的麵糰。水的分量
會因為麵粉種類、季節、氣候、以及濕度，而有著些微的不
同。因此，一開始混合時可預留水，作為調整之用。攪拌時，
也需一邊觀察麵糰，一邊判斷加水的多寡。
　　一般而言，使用國外進口的麵粉時，請多加一成的水量。
而日本產的麵粉如「南部小麥」時，請減少一成的水量。此
外，由於麵粉在下雨天或梅雨季時，會吸收水分，所以揉打麵
糰時更需細心觀察是否需要加水。掌握好麵糰的乾濕度，如
果揉打麵糰及發酵過程順利進行，一定能夠做出令人滿意的麵
包。

B 揉打麵糰

C 基本發酵

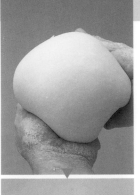

5

拿出碗裡的麵糰,置於工作檯,將麵糰均勻揉捏後,朝向桌面甩打,重複此動作約10分鐘。若麵糰變乾,可噴點水或以手沾水揉捏。

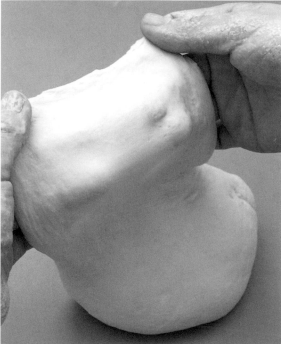

6

將麵糰甩打至擴展階段(即麵糰向左右兩側拉開時,可看到手指的程度)即完成。

7

將揉好的麵糰滾圓收口後,捏緊底部放入碗中,覆蓋保鮮膜。

8

將烤箱上的刻度調至發酵。放入麵糰約25分鐘，讓它膨脹至兩倍大。

＊烤箱的發酵功能一般為40℃。依機種會有不同的發酵溫度，請依各烤箱的使用說明書。

10

手握拳，輕壓麵糰數處，將空氣排出。

發酵前　　　　　發酵後

9

以手指沾麵粉戳入麵糰後拔出，若戳出的洞沒有閉合，就表示基本發酵完成（此步驟為手指確認，Finger Check）。若有閉合現象，需讓麵糰繼續發酵。

E 中間發酵　　F 塑形

14

將小麵糰排氣滾圓，收口捏緊朝下，排列在鋪有烤盤紙的烤盤上。

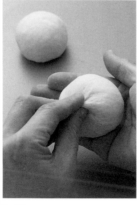

12

滾圓麵糰（將麵糰滾至圓球狀），收口捏緊朝下。

11

以刮片將麵糰從碗裡取出，分割成8份。稍微秤一下重量即可。為避免麵糰變乾，需將擰乾水分的濕布覆蓋於麵糰上。

13

蓋上濕布，靜置5分鐘。

加水揉捏的超簡單麵糰

12

G 最後發酵

15 為了避免麵糰乾掉，需覆蓋濕布（或噴水）。將烤箱的刻度調至發酵後放入20分鐘，使麵糰膨脹至1.5倍大。

16 以手指沾麵粉輕壓麵糰，若留有凹痕即完成。

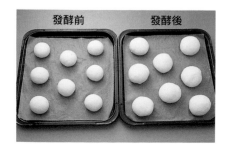

發酵前　　　發酵後

H 烘烤

17 若麵糰有點乾，可先噴點水，放入180℃的烤箱中烤8分鐘至焦黃色。檢查底部，若同樣呈現焦黃色即完成。

18

取出麵包，置於網架上冷卻。完全變涼後，再放入密封袋中冷凍保存。要食用時再將其自然解凍，或包保鮮膜放入微波爐裡加熱30秒，就可以嘗到剛烤好的美味。

芝麻麵包

在基本麵糰中加入芝麻揉捏
做出香脆的麵包。
芝麻富含鈣質、鐵質、與維生素E
是適合東方人的營養來源。
再炒一次已炒過的芝麻
味道會更加香濃唷！

材料（8份）

A	高筋麵粉	125g
	乾酵母	2小匙
	砂糖	2大匙
	水（加熱至40℃）	150mℓ
B	高筋麵粉	125g
	鹽	1/2小匙
白芝麻（炒過）		4大匙

作法

1 依照基礎麵包的製作步驟，將材料A倒入碗內混合後，再倒入材料B混合均勻。混合至糰狀時取出至工作檯上，進行揉打麵糰。

2 揉打麵糰至呈八分麵筋時，加入3大匙的白芝麻揉勻。

3 滾圓麵糰後放入碗內，覆蓋保鮮膜進行基本發酵（約25分鐘），並用手指確認是否發酵成功。

4 麵糰排氣後從碗內取出。分割成8份並滾圓。蓋上濕布，靜置5分鐘。

5 將麵糰再次滾圓塑形，撒上剩餘的白芝麻，排列在烤盤上，蓋上濕布，進行最後發酵（約20分鐘）。

6 刀子沾水在麵糰表面劃十字，放入溫度設為180℃的烤箱裡烤8分鐘。

加
水
揉
捏
的
超
簡
單
麵
糰

14

1個　類似產品 **260** kcal ➡ 低卡食譜 **168** kcal

印度烤餅

揉捏麵糰，發酵完後擀開，
只需在平底鍋上煎一下，
就可輕鬆完成的印度式麵包。
雖然本來有使用以奶油製作
名叫「印度酥油」（ghee）的油脂，
但即使不加奶油，
也可做出咬勁十足的烤餅。
更可搭配各種口味的咖哩，
若做成非油炸的咖哩麵包
由於不添加任何油脂，吃起來更安心。

材料（6份）

A	高筋麵粉	125g
	乾酵母	2小匙
	砂糖	2大匙
	水（加熱至40℃）	150㎖
B	高筋麵粉	125g
	鹽	1/2小匙

作法

1 依照基礎麵包的製作步驟，將材料A倒入碗內混合後，再倒入材料B混合均勻。混合至糰狀時取出至工作檯上，進行揉打麵糰。

2 滾圓麵糰後放入碗裡，覆蓋保鮮膜進行基本發酵（約25分鐘），並以手指確認是否發酵成功。

3 麵糰排氣後從碗裡取出。分割成6份並滾圓。蓋上濕布，靜置10分鐘。

4 將麵糰擀至長約20cm的細長形。不需進行最後發酵。

5 在氟素樹脂加工的平底鍋上，煎烤餅的兩面至成漂亮的焦黃色後，轉小火烘烤2至3分鐘。由於麵糰被擀得較薄，只要一片一片進行烘烤即可。

1個　類似產品 196 kcal ➡ 低卡食譜 164 kcal

香草麵包

在基本麵糰中加入羅勒，
製作出散發柔和香味的麵包。
不僅是羅勒，連芝麻菜、鼠尾草等，
都與麵包十分相稱。
若家中庭院種有花草，
就可以隨時享受到新鮮香味的麵包了！

材料（8份）

A	高筋麵粉	125g
	乾酵母	2小匙
	砂糖	2大匙
	水（加熱至40℃）	150㎖
B	高筋麵粉	125g
	鹽	1/2小匙
羅勒（切碎）		10片
帕馬森起司		1大匙

▼

作法

1　依照基礎麵包的製作步驟，將材料A倒入碗內混合後，再倒入材料B混合均勻。混合至糰狀時取出至工作檯上，進行揉打麵糰。

2　揉打麵糰至呈八分麵筋時，加入羅勒和帕馬森起司揉勻。

3　滾圓麵糰放入碗裡，覆蓋保鮮膜進行基本發酵（約25分鐘），並以手指確認是否發酵成功。

4　麵糰排氣後從碗裡取出。分割成8份並滾圓。蓋上濕布，靜置5分鐘。

5　將麵糰搓揉至長約20cm的條狀，打結後，重疊兩端再塞回麵糰底部。

6　將麵糰排列在烤盤上，蓋上濕布，進行最後發酵（約20分鐘）後，放入溫度調至180℃的烤箱中烤8分鐘。

加
水
揉
捏
的
超
簡
單
麵
糰

16

1個　類似產品 221 kcal ➡ 低卡食譜 127 kcal

葉形鄉村麵包

加入核桃與梅子乾至充分混合的
高筋麵粉、全麥麵粉與燕麥片的麵糰中。
梅子乾富含鐵質，是對女性很好的食品。
燕麥片的口感及全麥麵粉的香味
與梅子乾的甜味十分對味。

材料（6份）

	材料	分量
A	高筋麵粉	100g
	全麥麵粉	25g
	乾酵母	2小匙
	砂糖	1又1/2大匙
	水（加熱至40℃）	150mℓ
	檸檬汁	1大匙
B	高筋麵粉	100g
	全麥麵粉	25g
	鹽	多於1/2小匙
	燕麥片	15g
	核桃	1大匙（7g）
	梅乾	4個

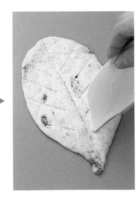

作法

1. 將生核桃放入170℃烤箱中，烤10分鐘後切碎。梅乾也需切碎。

2. 依照基礎麵包的製作步驟，將材料A倒入碗內混合後，再倒入材料B混合均勻。混合至糰狀時取出至工作檯上，進行揉打麵糰。

3. 揉打麵糰至呈八分麵筋時，加入燕麥片、核桃、梅乾揉勻。

4. 滾圓麵糰後放入碗裡，覆蓋保鮮膜進行基本發酵（約25分鐘），並以手指確認是否發酵成功。

5. 麵糰排氣後從碗裡取出。分割成6份並滾圓。蓋上濕布，靜置10分鐘。

6. 將麵糰擀為長約15cm左右的樹葉形狀，再以刮片作出葉脈。

7. 將麵糰排列在烤盤上，蓋上濕布，進行最後發酵（約20分鐘），放入溫度設為190℃的烤箱中烤9分鐘。

1個　類似產品 **260** kcal ➡ 低卡食譜 **196** kcal

燕麥小餐包

燕麥含有鈣質、鐵質，
維生素B$_2$等多種營養成分，
但內含的脂質也不少，所以需控制用量。
建議可撒點燕麥片在麵包上，作為裝飾，
可使麵包更香，口感也更好。

▼

材料（8份）

A	高筋麵粉	100g
	全麥麵粉	25g
	乾酵母	2小匙
	砂糖	1大匙
	水（加熱至40℃）	170ml
B	高筋麵粉	100g
	全麥麵粉	25g
	鹽	1/2小匙
燕麥片		7大匙

作法

1 依照基礎麵包的製作步驟，將材料A倒入碗內混合後，再倒入材料B混合均勻。混合至糰狀時取出至工作檯上，進行揉打麵糰。（需打出比基礎麵包更鬆軟的麵糰）

2 揉打麵糰至呈八分麵筋時，加入4大匙的燕麥片揉勻。

3 滾圓麵糰後放入碗裡，覆蓋保鮮膜進行基本發酵（約25分鐘），並以手指確認是否發酵成功。

4 麵糰排氣從碗裡取出，分割成8份並滾圓。蓋上濕布，靜置5分鐘。

5 將麵糰再次滾圓塑形，並在表面撒3大匙的燕麥片後，排列在烤盤上，蓋上濕布，進行最後發酵（約20分鐘）。放入溫度設為190℃的烤箱中烤8分鐘。

1個　類似產品 **180** kcal ➡ 低卡食譜 **136** kcal

法式栗子鄉村麵包

在加了全麥麵粉的麵糰中
加入栗子與核桃揉勻，
烤出擁有溫柔味道的鄉村麵包。
栗子可使用市售浸過糖水的成品，
但秋天時，請購買新鮮栗子來製作吧！

材料（1份）

A	高筋麵粉	75g
	全麥麵粉	50g
	乾酵母	2小匙
	砂糖	1大匙
	水（加熱至40℃）	170㎖
B	高筋麵粉	75g
	全麥麵粉	50g
	鹽	多於1/2小匙
糖漬栗子		2大匙
生核桃		1大匙（7g）
全麥麵粉（表面用）		適量

作法

1　將生核桃放入170℃烤箱中，烤10分鐘後切碎。栗子也需切碎。

2　依照基礎麵包的製作步驟，將材料A倒入碗內混合後，再倒入材料B混合均勻。混合至糰狀時取出至工作檯上，進行揉打麵糰。揉打麵糰至呈八分麵筋時，加入核桃、栗子揉勻（需打出比基礎麵包更鬆軟的麵糰）。

3　滾圓麵糰後放入碗裡，覆蓋保鮮膜進行基本發酵（約25分鐘），並以手指確認是否發酵成功。

4　麵糰排氣後從碗裡取出，不需分割，直接滾圓。蓋上濕布，靜置5分鐘。

5　將麵糰再次滾圓塑形，在表面撒一層全麥麵粉後排列在烤盤上，蓋上濕布，進行最後發酵（約20分鐘）。

6　以刮片在表面劃出6等分的條紋，放入溫度設為190℃的烤箱中烤20分鐘。

21

1/6個　類似產品 232 kcal　➡　低卡食譜 168 kcal

紅酒葡萄乾麵包

以紅酒代替水，多麼奢華的成人口味麵包啊！
麵包飄散著紅酒的香氣與微微的酸味，
切開時，呈現漂亮淡粉紅色。
晚餐時，一邊飲用紅酒，一邊品嘗這麵包，
真是人間一大享受。

材料（4條）

	高筋麵粉	85g
	全麥麵粉	40g
A	乾酵母	2小匙
	砂糖	2大匙
	紅酒（加熱至40℃）	170ml
	高筋麵粉	85g
B	全麥麵粉	40g
	鹽	1/2小匙
葡萄乾（浸泡在50ml的紅酒中）		60g
生核桃		30g
全麥麵粉（表面用）		適量

 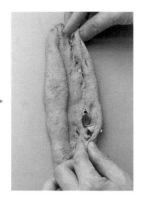

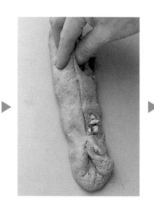 

作法

1 將生核桃放入170℃烤箱中烤10分鐘後切碎。浸泡葡萄乾於紅酒中，待膨脹後，以餐巾紙將水分吸乾。

2 依照基礎麵包的製作步驟，將材料A倒入碗內混合後，再倒入材料B混合均勻。混合至糰狀時取出至工作檯上，進行揉打麵糰（打出比基礎麵包更鬆軟的麵糰）。

3 揉打麵糰至呈八分麵筋時，加入葡萄乾、核桃揉勻。

4 滾圓麵糰後放入碗裡，覆蓋保鮮膜進行基本發酵（約25分鐘），並以手指確認是否發酵成功。

5 麵糰排氣後從碗裡取出，分割成4份並滾圓。蓋上濕布，靜置10分鐘。

6 將麵糰擀為長約20cm的橢圓形，將麵糰的兩端往中央處對摺後，捏緊摺合處。

7 在表面撒一層全麥麵粉後，排列在烤盤上，蓋上濕布，進行最後發酵（約20分鐘）。

8 刀子沾水在表面以1至2cm的間距，劃出數條直線，放入溫度設為190℃的烤箱中烤12分鐘。

加水揉捏的超簡單麵糰

1條　類似產品 462 kcal ➡ 低卡食譜 371 kcal

23

NONO白麵包

完全不加水，加牛奶揉捏出的
既紮實又鬆軟的麵包。
NONO是指No Butter、No Oil。
搭配任何小菜都適宜，而且吃不膩。
完全不使用酥油等油脂，
卡路里也相對降低很多唷！

材料（8份）

A	高筋麵粉	125g
	乾酵母	2小匙
	砂糖	2又1/2大匙
	牛奶（加熱至40℃）	175ml
B	高筋麵粉	125g
	鹽	1/2小匙
高筋麵粉（表面用）		適量

作法

1 將材料A的高筋麵粉倒入碗內，並在一旁放入乾酵母與砂糖。將牛奶對準乾酵母倒入並混合均勻。

2 當乾酵母完全溶解後，加入材料B攪拌至無粉狀，並呈麵糊狀時取出至工作檯上。充分揉捏麵糰至光滑。

3 滾圓麵糰後放入碗裡，覆蓋保鮮膜，以烤箱的發酵功能進行基本發酵（約25分鐘），並以手指確認是否發酵成功。

4 以拳頭輕壓麵糰排氣後從碗裡取出，分割成8份並滾圓。蓋上濕布，靜置5分鐘。

5 將麵糰滾圓塑形，在表面撒上高筋麵粉，以擀麵棍用力在中央壓出紋路，捏緊兩端塑形。

6 將麵糰排列在鋪有烤盤紙的烤盤上，蓋上濕布，以烤箱的發酵功能進行最後發酵（約20分鐘）

7 將高筋麵粉過篩，撒在表面，放入溫度設為180℃的烤箱中烤8分鐘。

1個　類似產品 **258** kcal ➡ 低卡食譜 **140** kcal

法式脆皮麵包

將大量使用橄欖油的法式脆皮麵包，
去掉油脂的部分，
也可以做出酥脆的口感。
可用劃洞的方式，
變化出不同表情的葉形，
請大家愉快地製作吧！

材料（4份）

A
┌ 高筋麵粉 ────────── 125g
│ 乾酵母 ─────────── 2小匙
│ 砂糖 ───────────── 2又1/2大匙
└ 牛奶（加熱至40℃）──── 175mℓ

B
┌ 高筋麵粉 ────────── 125g
└ 鹽 ─────────────── 1/2小匙

罌粟籽 ──────────────── 1小匙
帕馬森起司 ──────────── 1/2大匙
牛奶（刷亮用）────────── 1大匙

作法

1 依照NONO白麵包的製作步驟，將材料A倒入碗內混合後，倒入材料B均勻混合至麵糊狀時取出至工作檯上，進行揉打麵糰。

2 滾圓麵糰後放入碗裡，覆蓋保鮮膜進行基本發酵（約25分鐘），並以手指確認是否發酵成功。

3 麵糰排氣後從碗裡取出，分割成4份並滾圓。蓋上濕布，靜置10分鐘。

4 將麵糰擀為約25×15cm的橢圓形。將擀好的麵糰平放在烤盤上，以刮片做出紋路後，蓋上濕布，進行最後發酵（約20分鐘）。

5 用刷子在麵糰表面刷上牛奶，2片撒上罌粟籽，2片撒上帕馬森起司，放入溫度設為180℃的烤箱中烤12分鐘。

1個　類似產品 **333** kcal　➡　低卡食譜 **286** kcal

黑糖葡萄乾麵包

在加有黑糖的白麵包麵糰中，
混入大量葡萄乾，
葡萄乾與香濃甘甜的黑糖，十分對味。
未加半點奶油，
還是可以做出膨鬆柔軟的口感喔！

材料（8份）

A	高筋麵粉	125g
	乾酵母	2小匙
	黑糖（粉末）	2又1/2大匙
	牛奶（加熱至40℃）	175ml
B	高筋麵粉	125g
	鹽	1/2小匙
葡萄乾		2大匙（25g）

作法

1 將葡萄乾泡水至膨脹後取出，以餐巾紙將水分吸乾。

2 依照NONO白麵包的製作步驟，將材料A倒入碗內混合後，倒入材料B均勻混合至麵糊狀時取出至工作檯上，進行揉打麵糰。揉打麵糰至呈八分麵筋時，加入葡萄乾揉勻。

3 滾圓麵糰後放入碗裡，覆蓋保鮮膜進行基本發酵（約25分鐘），並以手指確認是否發酵成功。

4 麵糰排氣後從碗裡取出，分割成8份並滾圓。蓋上濕布，靜置5分鐘。

5 將麵糰滾圓塑形，以刮片在三處切割出凹痕後排列在烤盤上，蓋上濕布，進行最後發酵（約20分鐘）。放入溫度設為180℃的烤箱中烤8分鐘。

1個　類似產品 205 kcal ➡ 低卡食譜 148 kcal

心型巧克力麵包

雖說是巧克力麵包，
卻以可可粉來代替巧克力。
可可粉是將巧克力脫去可可脂後製成的，
因此卡路里比麵粉還低。
心形的巧克力麵包當作情人節的禮物，
是不是很適合呢？

材料（8份）

A	高筋麵粉	110g
	乾酵母	2小匙
	砂糖	2又1/2大匙
	牛奶（加熱至40℃）	175ml
B	高筋麵粉	110g
	可可粉	30g
	鹽	1/2小匙
	可可粉	1又1/2大匙
	砂糖	2大匙
	牛奶（刷亮用）	1大匙

▼

▼

作法

1 依照NONO白麵包的製作步驟，將材料A倒入碗內混合後，倒入材料B均勻混合至麵糊狀時取出至工作檯上，進行揉打麵糰。

2 滾圓麵糰後放入碗裡，覆蓋保鮮膜進行基本發酵（約25分鐘），並以手指確認是否發酵成功。

3 麵糰排氣後從碗裡取出，分割成8份並滾圓。蓋上濕布，靜置10分鐘。

4 將麵糰擀為約10×5cm的橢圓形，撒上可可粉與砂糖後捲起，捏緊閉合處。對摺麵糰，以刮片將麵糰切半至距離尾端1cm處時停止，翻轉麵糰做出心型。排列麵糰在烤盤上，蓋上濕布，進行最後發酵（約20分鐘）。

5 刷上牛奶後，放入溫度設為180℃的烤箱中烤8分鐘。

1個　類似產品 235 kcal ➡ 低卡食譜 152 kcal

胡蘿蔔麵包

在白麵包麵糰裡加入
煮熟後切碎的胡蘿蔔。
將漂亮的橘紅色麵糰做出可愛的胡蘿蔔造型，
就連討厭胡蘿蔔的小孩
也會愛上胡蘿蔔唷！

材料（6份）

胡蘿蔔		65g（淨重）
A	高筋麵粉	125g
	乾酵母	2小匙
	砂糖	3大匙
	牛奶（加熱至40℃）	110mℓ
B	高筋麵粉	125g
	鹽	1/2小匙
高筋麵粉（表面用）		適量

作法

1. 煮熟胡蘿蔔並切碎。

2. 依照NONO白麵包的製作步驟，將材料A倒入碗內混合後，倒入材料B均勻混合至麵糊狀時取出至工作檯上，進行揉打麵糰。

3. 滾圓麵糰後放入碗裡，覆蓋保鮮膜進行基本發酵（約25分鐘），並以手指確認是否發酵成功。

4. 麵糰排氣後從碗裡取出，分割成6份並滾圓。蓋上濕布，靜置10分鐘。

5. 以3比1的比例，將麵糰分為大小兩塊。滾揉大麵糰，做出胡蘿蔔形狀；擀開小麵糰，重疊在大麵糰上。在小麵糰的上端以刮片劃出紋路，做出胡蘿蔔的葉頭形狀。

6. 將麵糰排列在烤盤上，蓋上濕布，進行最後發酵（約20分鐘）。在胡蘿蔔（大麵糰）的上半部，以沾水剪刀剪出三道紋路。

7. 將高筋麵粉過篩，撒在胡蘿蔔麵糰上，放入溫度設為180℃的烤箱中烤8分鐘。

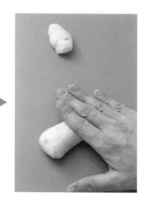

1個　類似產品 **250** kcal ➡ 低卡食譜 **185** kcal

菠菜麵包

如果在麵糰內加入菠菜，
就能做出帶有翠綠色的漂亮麵糰。
在麵糰中加入蔬菜，
疏菜中所含的維生素可增加酵母的活性，
做出來的麵包也會變得更膨鬆。
這款麵包很適合搭配荷包蛋等蛋料理，
作為早餐食用。

▼

材料（6份）

菠菜（川燙、瀝乾水分）		40g
A	高筋麵粉	125g
	乾酵母	2小匙
	砂糖	2又1/2大匙
	牛奶（加熱至40℃）	140㎖
B	高筋麵粉	125g
	鹽	1/2小匙
高筋麵粉（表面用）		適量

作法

1. 川燙菠菜去除澀味，瀝乾水分後切碎。

2. 依照NONO白麵包的製作步驟，將材料A倒入碗內混合後，倒入材料B與菠菜均勻混和至麵糊狀時取出至工作檯上，進行揉打麵糰。

3. 滾圓麵糰後放入碗裡，覆蓋保鮮膜進行基本發酵（約25分鐘），並以手指確認是否發酵成功。

4. 麵糰排氣後從碗裡取出，分割成6份並滾圓。蓋上濕布，靜置10分鐘。

5. 以4比1的比例，將麵糰分為大小兩塊。將大麵糰擀為約13×10cm的橢圓形，將兩邊向內摺入；滾揉小麵糰成條狀，包圍折起的大麵糰後，重疊在上方。在兩處以刮片劃出紋路，做出菠菜形狀。

6. 將麵糰排列在烤盤上，蓋上濕布，進行最後發酵（約20分鐘）。將高筋麵粉過篩後撒在上面，放入溫度設為180℃的烤箱中烤8分鐘。

1個　類似產品 242 kcal ➡ 低卡食譜 184 kcal

南瓜麵包

經常在萬聖節或冬至時製作的麵包，
在課堂上也是超受歡迎。
揉入南瓜後，
麵包就變得非常柔軟。
因為想保留南瓜的天然色澤，
因此撒上麵粉，以免烤後出現焦黃色。

材料（6份）

南瓜		50g（淨重）
A	高筋麵粉	125g
	乾酵母	2小匙
	砂糖	2又1/2大匙
	牛奶（加熱至40℃）	140ml
B	高筋麵粉	125g
	鹽	1/2小匙
高筋麵粉（表面用）		適量

作法

1. 南瓜去皮切成一口大小，煮至熟軟並瀝乾水分後，搗碎放涼。

2. 依照NONO白麵包的製作步驟，將材料A倒入碗內混合後，倒入材料B與南瓜均勻混合至麵糊狀時取出至工作檯上，進行揉打麵糰。

3. 滾圓麵糰後放入碗裡，覆蓋保鮮膜進行基本發酵（約25分鐘），並以手指確認是否發酵成功。

4. 麵糰排氣後從碗裡取出，分割成6份並滾圓。蓋上濕布，靜置10分鐘。

5. 取出麵糰的一部分，製作南瓜蒂。滾圓剩餘麵糰成南瓜形狀後，加上南瓜蒂。以沾水剪刀剪出三道紋路。

6. 將麵糰排列在烤盤上，蓋上濕布，進行最後發酵（約20分鐘）。將高筋麵粉過篩撒在上面，放入溫度設為180℃的烤箱中烤8分鐘。

1個　類似產品 250 kcal ➡ 低卡食譜 185 kcal

牛奶吐司

牛奶吐司是我家早餐固定會出現的「重要角色」。
將剛烤好的吐司放涼，
再切成個人喜歡的厚度後，放置冰箱冷凍，
就能隨時享用剛出爐的美味。
雖然吐司沒有加入酥油製作，
但只要在一邊揉捏麵糰時，一邊以手沾水，
不讓麵糰變乾，麵糰還是可以發得很漂亮。

材料（9.5×19×9cm的吐司模具1份）

A	高筋麵粉	150g
	乾酵母	2又1/2小匙
	砂糖	2大匙
	牛奶（加熱至40℃）	195ml
B	高筋麵粉	150g
	鹽	1/2小匙
	麥芽糖漿	1/2小匙

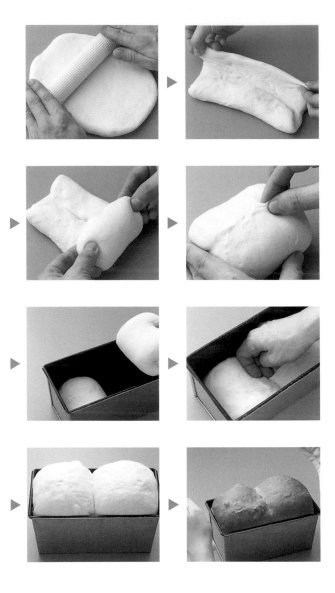

作法

1 依照NONO白麵包的製作步驟，將材料A倒入碗內混合後，倒入材料B均勻混和至麵糊狀時取出至工作檯上，揉打麵糰至完全階段（延展麵糰時會呈現光滑不容易破的薄膜）。

2 滾圓麵糰後放入碗裡，覆蓋保鮮膜進行基本發酵（約25分鐘），並以手指確認是否發酵成功。

3 麵糰排氣後從碗裡取出，分割成2份並滾圓。蓋上濕布，靜置10分鐘。

4 將麵糰擀為約15×20cm的長方形，將長的兩側往中央摺入後，向前方裹捲，捏緊收口。

5 收口朝下，放入模具內，用手輕壓麵糰，讓其完全密合模具。置於烤盤上，蓋上濕布，進行最後發酵。當麵糰膨脹至高出模具1.5cm時，便發酵完成。

6 放入溫度設為180℃的烤箱中烤20分鐘。烤好後從烤箱中取出後脫模（舉起模具至距離桌面30cm左右後，使其垂直掉至桌面上）。如此一來，吐司放涼後也不會變形。

1/6個　類似產品 **297** kcal ➡ 低卡食譜 **217** kcal

咖啡歐蕾吐司

▼

將咖啡歐蕾吐司切成薄片，
切面就會出現非常漂亮的螺旋狀雙色花紋，
並且飄散著咖啡香。
由於是在製作步驟中將麵糰分成兩色製作，
所以不需一開始就製作兩塊麵糰。
請和製作牛奶吐司一樣，仔細地揉捏吧！

材料（9.5×19×9cm的吐司模具1份）

A	高筋麵粉	150g
	乾酵母	2又1/2小匙
	砂糖	2大匙
	牛奶（加熱至40℃）	175mℓ
	煉乳	2大匙
B	高筋麵粉	150g
	鹽	1/2小匙
即溶咖啡		1大匙

作法

1　依照NONO白麵包的製作步驟，將材料A倒入碗內混合後，倒入材料B均勻混合至麵糊狀時取出至工作檯上，進行揉打麵糰至完全階段。

2　揉打麵糰至呈八成麵筋時切成兩塊，其中一塊加入1/2小匙已溶解的即溶咖啡混勻。另一塊不需加任何東西，直接揉入即可。

3　滾圓麵糰放入不同的碗裡，覆蓋保鮮膜進行基本發酵（約25分鐘），並以手指確認是否發酵成功。

4　麵糰排氣後從碗裡取出並滾圓。蓋上濕布，靜置10分鐘。

5　將白色麵糰擀為約23×18cm的長方形，再重疊混有咖啡的麵糰於上方後，一起擀開。向前方裹捲後，捏緊收口。

6　收口朝下，放入模具內，以手輕壓麵糰，讓其完全密合模具。置於烤盤上，蓋上濕布，進行最後發酵。當麵糰膨脹至高出模具1.5cm時，便發酵完成。

7　放入溫度設為180℃的烤箱中烤20分鐘。烤好後從烤箱中取出後脫模放涼。

1/6個　類似產品 285 kcal ➔ 低卡食譜 227 kcal

玉米吐司

咬一口，
玉米的自然甘甜
與香味便在口中擴散。
若使用細顆粒的玉米粉，
麵糰不但可以發得漂亮，
也可以做出鬆軟的吐司。

材料（9.5×19×9cm的吐司模具 1 份）

	材料	份量
A	高筋麵粉	140g
	玉米粉	25g
	乾酵母	2又1/2小匙
	砂糖	2大匙
	牛奶（加熱至40℃）	195ml
B	高筋麵粉	135g
	鹽	1/2小匙
	麥芽糖漿	1/2小匙
	玉米（罐裝或冷凍）	3大匙

作法

1. 用餐巾紙包裹玉米，去除水分。

2. 依照NONO白麵包的製作步驟，將材料A倒入碗內混合後，倒入材料B均勻混合至麵糊狀時取出至工作檯上，進行揉打麵糰至完全階段。

3. 滾圓麵糰後放入碗裡，覆蓋保鮮膜進行基本發酵（約25分鐘），並以手指確認是否發酵成功。

4. 麵糰排氣後從碗裡取出並滾圓。蓋上濕布，靜置10分鐘。

5. 麵糰擀為約23×18cm的長方形，灑上玉米後，向前方裹捲，捏緊收口。

6. 將收口朝下，放入模具內，以手輕壓麵糰，讓其完全密合模具。置於烤盤上，蓋上濕布，進行最後發酵。當麵糰膨脹至高出模具1.5cm時，便發酵完成。

7. 放入溫度設為180℃的烤箱中烤20分鐘。烤好後從烤箱中取出後脫模放涼。

1/6個　類似產品 332 kcal　➡　低卡食譜 222 kcal

捲餐包

雖然市售的產品是加入許多的
奶油與雞蛋製作而成，
但本書中的配方不使用奶油，
並控制雞蛋用量來製成低卡的麵糰。
此款麵包的特色在於捲紋，
請將麵糰擀得細長點，捲出很多捲紋吧！

材料（8份）

A
高筋麵粉	125g
乾酵母	2小匙
砂糖	2又1/2大匙
雞蛋	1顆（50g）
水（加熱至40℃）	100ml

B
高筋麵粉	125g
鹽	1/2小匙

蛋汁 —————— 適量

作法

1. 將材料A的高筋麵粉放入碗內，在旁邊放入乾酵母與砂糖。將雞蛋打散，倒入碗中，倒入蛋汁時需遠離乾酵母。水則對準乾酵母倒入，將其充分混合。

2. 當乾酵母完全溶解後，倒入材料B充分混合至無粉狀，並呈糰狀時取出至工作檯上，進行揉打麵糰至光滑。

3. 滾圓麵糰後放入碗裡，覆蓋保鮮膜以烤箱的發酵功能進行基本發酵（約25分鐘），並以手指確認是否發酵成功。

4. 以拳頭輕壓麵糰排氣，將麵糰從碗裡取出，分割成8份並滾圓。蓋上濕布，靜置10分鐘。

5. 將麵糰滾揉為長約20cm，一側較粗、一側較細的長錐狀。

6. 擺放麵糰時，將較細側朝向自己，以擀麵棍擀開，並從較粗側開始，朝身體方向裹捲。收口朝下放在烤盤紙上後，排列在烤盤上。

7. 蓋上濕布，以烤箱的發酵功能進行最後發酵（約20分鐘）。

8. 刷上蛋汁，放入溫度設為180℃烤箱中烤8分鐘。

1個　類似產品 **189** kcal ➡ 低卡食譜 **136** kcal

非油炸黃豆粉麵包

學校的營養午餐中最令人懷念的麵包。
由於上新粉的關係，即使不用油炸，
也可有油炸的感覺。
不論是在意膽固醇的人，
或是減肥中的人都可以安心食用。

材料（6份）

A	高筋麵粉	115g
	乾酵母	2小匙
	砂糖	3大匙
	雞蛋	1顆（50g）
	水（加熱至40℃）	100mℓ
B	高筋麵粉	115g
	黃豆粉	20g
	鹽	1/2小匙

黃豆粉、上新粉、 砂糖各1大匙

作法

1 依照餐包捲的製作步驟，將材料A倒入碗內混合後，倒入材料B混合均勻至呈糰狀時取出至工作檯上，進行揉打麵糰。

2 滾圓麵糰後放入碗裡，覆蓋保鮮膜進行基本發酵（約25分鐘），並以手指確認是否發酵成功。

3 麵糰排氣後從碗裡取出，分割成6份並滾圓。蓋上濕布，靜置10分鐘。

4 將麵糰擀為約13×10cm的橢圓形，將兩側向中央處摺入後，捏緊收口。

5 在麵糰上方撒上混合黃豆粉、上新粉及細砂糖的粉末後，排列在烤盤上，蓋上濕布，進行最後發酵（約20分鐘）。放入溫度設為180℃的烤箱中烤9分鐘。

1個 類似產品 **343 kcal** ➡ 低卡食譜 **193 kcal**

鳳梨麵包

新鮮的鳳梨與揉入椰子的麵糰非常對味。
即使在毫無食欲的夏天早晨，
也能讓你食欲大開。
而且外觀超可愛，
當作禮物也很適合。

材料（2份）

	材料		份量
A	高筋麵粉		125g
	乾酵母		2小匙
	砂糖		2又1/2大匙
	雞蛋		1顆（50g）
	水（加熱至40℃）		100mℓ
B	高筋麵粉		125g
	椰子片		10g
	鹽		1/3小匙
	鳳梨		1/4個（淨重200g）
	蜂蜜		1大匙
	蛋汁		適量

 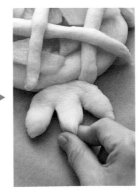

作法

1 將鳳梨去皮去芯，切成厚1cm的一口大小。放入耐熱容器裡，不覆蓋保鮮膜放入微波爐中微波6分鐘，去除水分。

2 依照餐包捲的製作步驟，將材料A倒入碗內混合，再倒入材料B混合均勻至呈糰狀時取出至工作檯上，進行揉打麵糰。

3 滾圓麵糰後放入碗裡，覆蓋保鮮膜進行基本發酵（約25分鐘），並以手指確認是否發酵成功。

4 將麵糰排氣後從碗裡取出，分割成2大塊後，再分別分出1個20g和6個15g的小麵糰滾圓，滾圓剩餘部分成1個大麵糰，蓋上濕布，靜置10分鐘。

5 將最大的麵糰擀為約20×10cm的橢圓形，塗上一層蜂蜜後，再鋪上鳳梨片。

6 搓揉15g的麵糰成長約20cm的條狀，以平行斜鋪的方式，將6條麵糰交錯成格子狀，並將20g的麵糰做成鳳梨葉狀。

7 盛裝在烤盤上，蓋上濕布進行最後發酵（約20分鐘）。刷上蛋汁，放入溫度設為180℃的烤箱中烤13分鐘。

1/3個　類似產品 **293** kcal ➡ 低卡食譜 **222** kcal

香甜蘋果派麵包

一切開這可愛的蘋果麵包，
就可看見飽滿且濃郁的蘋果內餡。
可在蘋果的盛產季節，
以紅玉、紅龍等
微酸的品種來製作吧！

▼

加雞蛋揉捏的鬆軟麵糰

50

材料（6份）

	材料	份量
A	高筋麵粉	125g
	乾酵母	2小匙
	砂糖	2又1/2大匙
	雞蛋	1顆（50g）
	水（加熱至40℃）	100mℓ
B	高筋麵粉	125g
	鹽	1/3小匙
C	蘋果	大顆1個
	砂糖	2大匙
	檸檬汁	1大匙
	低筋麵粉	1/2大匙
	肉桂	適量
蛋汁		適量

作法

1. 以材料C製作內餡。將蘋果去皮，切成扇形，與其他材料一起放入容器裡混合均勻，覆蓋保鮮膜，放入微波爐中加熱6分鐘。待完全冷卻後分成6等分。

2. 依照餐包捲的製作步驟，將材料A倒入碗內混合，再倒入材料B混合均勻至呈糰狀時取出至工作檯上，進行揉打麵糰。

3. 滾圓麵糰後放入碗裡，覆蓋保鮮膜進行基本發酵（約25分鐘），並以手指確認是否發酵成功。

4. 將麵糰排氣後從碗裡取出，分割成6份並滾圓。蓋上濕布，靜置10分鐘。

5. 預留少許麵糰，作為果蒂和葉子。其餘以擀麵棍擀為直徑約12cm的圓形，填入步驟1的蘋果餡後，滾圓塑形。將預留的麵糰做成果蒂和葉子形狀，並以刮片在葉子上劃出紋路，置於蘋果上方。

6. 排列在烤盤上，蓋上濕布進行最後發酵（約20分鐘）。刷上蛋汁，放入溫度設為180℃的烤箱中烤9分鐘。

1個　類似產品 **286 kcal** ➡ 低卡食譜 **207 kcal**

酥脆馬卡龍麵包

覆蓋一層酥脆的馬卡龍外皮
做成的甜點麵包。
一般的甜點麵包，
都會加入大量的奶油或鮮奶油，
但即使完全不添加也能成功製作。
覆蓋的酥脆馬卡龍外皮，
可使麵糰不易變硬，
做出香甜美味的麵包。

材料（8份）

A	高筋麵粉	125g
	乾酵母	2小匙
	砂糖	3大匙
	水（加熱至40℃）	145mℓ
B	高筋麵粉	125g
	蛋黃	1顆份（20g）
	鹽	1/2小匙
	香草油	少許
C	蛋白	1顆份（30g）
	糖粉	30g
	低筋麵粉	20g
糖粉		1大匙

作法

1　將材料C全部混合。製作馬卡龍醬，作為外皮用。

2　依照餐包捲的製作步驟，將材料A倒入碗內混合，再倒入材料B混合均勻至呈糰狀時取出至工作檯上，進行揉打麵糰。

3　滾圓麵糰後放入碗裡，覆蓋保鮮膜進行基本發酵（約25分鐘），並以手指確認是否發酵成功。

4　將麵糰排氣後從碗裡取出，分割成8份並滾圓。蓋上濕布靜置5分鐘。

5　將麵糰滾圓塑形，排列在烤盤上，蓋上濕布，進行最後發酵（約20分鐘）。

6　以湯匙在麵糰表面均勻塗抹馬卡龍醬，將粉糖過篩後撒在上方。放入溫度設為180℃的烤箱中烤9分鐘。

1個　類似產品 233 kcal ➜ 低卡食譜 167 kcal

Type 4
加雞蛋與牛奶
揉捏的飽滿麵糰

辮子麵包

這個麵包不僅控制雞蛋的用量、
不使用奶油製作而成,
不但低卡且口感濃郁。
由於麵糰的延展性佳,
可搓揉出較長的長度,
編織出較長的辮子。
若做成如花環般的圈狀,
就可變身為華麗氛圍的麵包。
非常適合拿來作為聖誕節或宴會的餐點。

材料(1份)

A	高筋麵粉	125g
	乾酵母	2小匙
	砂糖	2又1/2大匙
	雞蛋	1顆(50g)
	牛奶(加熱至40℃)	125ml
B	高筋麵粉	125g
	鹽	1/2小匙
蛋汁		適量

作法

1 將材料A的高筋麵粉放入碗內,在旁邊放入乾酵母與砂糖。將雞蛋打散,倒入碗中,記得倒入蛋汁時需遠離乾酵母。牛奶則對準乾酵母倒入,將其充分混合。

2 倒入材料B充分混合至無粉狀並呈麵糊狀時取出至工作檯,揉打麵糰至光滑。

3 滾圓麵糰後放入碗裡,覆蓋保鮮膜,以烤箱的發酵功能進行基本發酵(約25分鐘),並以手指確認是否發酵成功。

4 以拳頭輕壓麵糰排氣,將麵糰從碗裡取出,分割成3份並滾圓。蓋上濕布,靜置10分鐘。

5 將麵糰分別滾揉為長約40cm的條狀,從中央朝身體的方向編辮子,於尾端捏合固定。翻向背面,以相同方式編出辮子後,捏緊兩端做成圈狀。

6 盛裝在鋪好烤盤紙的烤盤上,蓋上濕布,以烤箱的發酵功能進行最後發酵(約20分鐘)。

7 刷上蛋汁,放入溫度設為180℃烤箱中烤20分鐘左右。

1/6個　類似產品 252 kcal ➡ 低卡食譜 194 kcal

楓糖麵包

如果使用楓糖取代上白糖（日本砂糖），
就變成楓糖口味麵包。
裏捲楓糖與核桃等餡料，
就變身成為皇冠形大麵包。

▼

材料（1份）

A	高筋麵粉	125g
	乾酵母	2小匙
	楓糖	3大匙
	蛋	1顆（50g）
	牛奶（加熱至40℃）	125㎖
B	高筋麵粉	125g
	鹽	1/2小匙
C	雞蛋	25g
	楓糖	3大匙
	生核桃	1大匙
	低筋麵粉	2大匙

作法

1. 將生核桃放入170℃的烤箱中烤10分鐘後切碎，並混合材料C。

2. 依照辮子麵包的製作步驟，將材料A倒入碗內混合後，再倒入材料B充分混合至無粉狀並呈麵糊狀時取出至工作檯，揉打麵糰至光滑。

3. 滾圓麵糰後放入碗裡，覆蓋保鮮膜進行基本發酵（約25分鐘），並以手指確認是否發酵成功。

4. 麵糰排氣後從碗裡取出並滾圓後，蓋上濕布，靜置10分鐘。

5. 將麵糰擀為約18×35cm的橢圓形，在麵糰周圍留出1cm的距離後，塗上步驟1完成的材料。朝前方裹捲，並捏緊尾端收口。捏合兩端，做成圈狀後塑形。

6. 盛裝在烤盤上，以刮片切出8處紋路，蓋上濕布，進行最後發酵（約20分鐘）。放入溫度設為180℃的烤箱中烤20分鐘。

1/6個　類似產品 313 kcal ➡ 低卡食譜 234 kcal

橘子口味義式水果麵包

這是一道加入大量橘子
或葡萄乾製作而成的
聖誕節慶麵包。
一般都會使用大量奶油、鮮奶油等油脂，
所以較不容易變硬，
但由於沒有使用油脂，
若非立即食用，請冷凍保存。

材料（直徑6cm、高5.5cm的模具，6份）

A	高筋麵粉	125g
	乾酵母	2又1/2小匙
	砂糖	2又1/2大匙
	雞蛋	1顆（50g）
	牛奶（加熱至40℃）	65㎖
	萊姆酒	1大匙
B	高筋麵粉	125g
	橘子醬	50g
	鹽	1/3小匙
葡萄乾		25g
生核桃		1大匙
橘子皮（切碎）		2小匙
萊姆酒		3大匙
蛋汁		適量

糖霜（混合3大匙粉糖與1小匙蛋白製作）

作法

1. 將生核桃放入170℃的烤箱中烤10分鐘後切碎。浸泡葡萄乾與橘子皮於萊姆酒至膨脹，以餐巾紙吸乾水分。

2. 依照辮子麵包的製作步驟，將材料A倒入碗裡混合後，再倒入材料B充分混合至無粉狀並呈麵糊狀時取出至工作檯，揉打麵糰至光滑。揉打麵糰至呈八分麵筋時，加入步驟1揉勻。

3. 滾圓麵糰後放入碗裡，覆蓋保鮮膜進行基本發酵（約25分鐘），並以手指確認是否發酵成功。

4. 麵糰排氣後從碗裡取出，分割成6份並滾圓。蓋上濕布，靜置5分鐘。

5. 將麵糰滾圓塑形後放入模具內，排列在烤盤上，蓋上濕布，進行最後發酵（約20分鐘）。

6. 塗上蛋汁，放入溫度設為180℃的烤箱中烤8分鐘。從烤箱取出後再淋上糖霜即可。

1個　類似產品 373 kcal ➜ 低卡食譜 241 kcal

百分百哈蜜瓜麵包

將新鮮哈蜜瓜果肉塞入麵包麵糰與餅乾麵糰裡，
做出充滿哈蜜瓜香氣的麵包。
加熱哈蜜瓜果肉，酵素會遭到破壞，
請在冷藏的狀態下使用。
一般的哈蜜瓜麵包熱量非常高，
是因為在餅乾麵糰裡放入大量的奶油。
若採用新鮮哈蜜瓜且不加油來製作，就健康多了。

材料（6份）

新鮮哈蜜瓜 —————————— 100g（淨重）

A	高筋麵粉	125g
	乾酵母	2小匙
	砂糖	2大匙
	雞蛋	1顆（50g）
	牛奶（加熱至40℃）	75ml

B	高筋麵粉	125g
	鹽	1/2小匙

C	砂糖	50g
	雞蛋	40g
	低筋麵粉	150g
	發粉（泡打粉）	1/2小匙
	抹茶	1/4小匙

砂糖 —————————————— 1大匙

作法

1 哈蜜瓜放入攪拌器中攪拌成泥狀，倒入鍋裡煮滾後放涼。

2 以材料C製作餅乾麵糰。碗裡放入雞蛋與砂糖混合均勻，再將一半步驟1的低筋麵粉、發粉、抹茶混合後加入，攪拌至無粉末狀，分成6等分滾圓。

3 依照辮子麵包的製作步驟，碗裡倒入材料A與一半的步驟1混合，再加入材料B充分混合至無粉狀並呈麵糊狀時取出至工作檯，揉打麵糰至光滑。

4 滾圓麵糰後放入碗裡，覆蓋保鮮膜進行基本發酵（約25分鐘），並以手指確認是否發酵成功。

5 麵糰排氣後從碗裡取出，分割成6份並滾圓。蓋上濕布，靜置5分鐘。

6 將麵糰滾圓塑形。預留一小塊餅乾麵糰，作為瓜蒂。擀開剩餘的餅乾麵糰覆蓋在麵包麵糰上。撒上砂糖，以刮片劃出格子紋路，製作瓜蒂，加在麵糰上方。

7 排列在烤盤上，蓋上濕布進行最後發酵（約20分鐘），在溫度設為180℃的烤箱中烤9分鐘。

加雞蛋與牛奶揉捏的飽滿麵糰

56

1個　類似產品 **552 kcal** ➡ 低卡食譜 **327 kcal**

布里歐

布里歐是使用大量奶油與鮮奶油製作而成，
是味道濃郁、高卡路里的麵包代表，
但完全不使用奶油，
只以適量的蛋黃與牛奶，
也能做出既鬆軟又飽滿、
而且充滿蛋香的成品。

材料（布里歐模具10份）

A	高筋麵粉	50g
	乾酵母	1又1/2小匙
	砂糖	1又1/2大匙
	牛奶（加熱至40℃）	90mℓ
B	高筋麵粉	150g
	蛋黃	2顆份（40g）
	鹽	少於1/2小匙
蛋汁		適量

作法

1. 將材料A的高筋麵粉放入碗內，並在旁邊放入乾酵母與砂糖，將牛奶對準乾酵母倒入並充分混合。倒入材料B充分混合至無粉狀並呈麵糊狀時取出至工作檯，進行揉打麵糰。

2. 滾圓麵糰後放入碗裡，覆蓋保鮮膜進行基本發酵（約25分鐘），並以手指確認是否發酵成功。

3. 麵糰排氣後從碗裡取出，分割成10份並滾圓。蓋上濕布，靜置5分鐘。

4. 將麵糰滾圓塑形後放入模具裡，排列在烤盤上，蓋上濕布進行最後發酵（約20分鐘）。

5. 刷上蛋汁。放入溫度設為180℃的烤箱中烤8分鐘。

1個　類似產品 187 kcal ➡ 低卡食譜 99 kcal

檸檬布里歐

▼

麵糰裡倒入
檸檬汁與檸檬皮作的泥，
做出爽口的布里歐。
由於檸檬是連皮一起使用，
請選用令人安心的國產品吧！

材料（布里歐模具10份）

A	高筋麵粉	50g
	乾酵母	2小匙
	砂糖	2大匙
	牛奶（加熱至40℃）	70㎖
	煉乳	2大匙
B	高筋麵粉	150g
	蛋黃	2顆份（40g）
	檸檬汁	1大匙
	檸檬皮（泥狀）	1/3個
	鹽	少於1/2小匙
蛋汁		適量
檸檬（薄片）		10片
砂糖		2小匙

作法

1. 將材料A的高筋麵粉放入碗內，並在旁邊放入乾酵母與砂糖，將牛奶對準乾酵母倒入後，再加入煉乳充分混合。倒入材料B充分混合至無粉狀並呈麵糊狀時取出至工作檯，進行揉打麵糰。

2. 滾圓麵糰後放入碗裡，覆蓋保鮮膜進行基本發酵（約25分鐘），並以手指確認是否發酵成功。

3. 麵糰排氣後從碗裡取出，分割成10份並滾圓。蓋上濕布，靜置5分鐘。

4. 將麵糰滾圓塑形後放入模具裡，排列在烤盤上，蓋上濕布，進行最後發酵（約20分鐘）。

5. 刷上蛋汁、鋪上一片檸檬薄片，再撒上砂糖。放入溫度設為180℃的烤箱中烤8分鐘。

1個　類似產品 198 kcal ➡ 低卡食譜 115 kcal

巧克力布里歐

在無奶油、低卡路里的布里歐裡，
加入取代巧克力粉的可可粉，
所以卡路里也大大降低。
雖然也可做成一般市售的圓形，
但改成兩個圓形，
整體感就會變得非常不一樣喔！

材料（布里歐模具10份）

	高筋麵粉	50g
	乾酵母	1又1/2小匙
A	砂糖	2大匙
	牛奶（加熱至40℃）	90mℓ
	高筋麵粉	120g
	可可粉	30g
B	蛋黃	2顆份（40g）
	鹽	少於1/2小匙
蛋汁		適量

作法

1. 將材料A的高筋麵粉放入碗內，並在旁邊放入乾酵母與砂糖，將牛奶對準乾酵母倒入並充分混合。倒入材料B充分混合至無粉狀並呈麵糊狀時取出至工作檯，進行揉打麵糰。

2. 滾圓麵糰後放入碗裡，覆蓋保鮮膜進行基本發酵（約25分鐘），並以手指確認是否發酵成功。

3. 麵糰排氣後從碗裡取出，分割成10份並滾圓。蓋上濕布，靜置5分鐘。

4. 再分別將麵糰分成2塊後滾圓，放入模具裡排列在烤盤上，蓋上濕布進行最後發酵（約20分鐘）。

5. 刷上蛋汁。放入溫度設為180℃的烤箱中烤8分鐘。

1個　類似產品 **187** kcal ➡ 低卡食譜 **96** kcal

葡萄肉桂丹麥麵包

在低卡的丹麥麵糰裡，
加入葡萄乾和肉桂粉裹捲。
請盡情享受丹麥麵包的口感
及肉桂香吧！

材料（8份）

A	低筋麵粉	60g
	乾酵母	1又1/2小匙
	砂糖	1大匙
	牛奶（加熱至40℃）	125㎖
B	高筋麵粉	140g
	蛋黃	1顆份（20g）
	鹽	1/3小匙
原味優格		240g
帕馬森起司		1/2大匙
葡萄乾		30g
肉桂粉		1/3小匙
砂糖		1大匙
蛋汁		適量

作法

1 將葡萄乾泡水膨脹，以餐巾紙吸乾水分。

2 依照可頌（P.62）步驟1至5的製作要領，捏製麵糰。

3 在擀為20×30cm長方形的麵糰上，均勻鋪滿葡萄乾、肉桂粉、砂糖。但需留下周圍1cm不鋪滿。將麵糰朝前方裹捲後，切成8等分。

4 將麵糰排列在烤盤上，蓋上濕布進行最後發酵（約20分鐘）。刷上蛋汁，放入溫度設為180℃的烤箱中烤8分鐘。

1個　類似產品 283 kcal ➡ 低卡食譜 158 kcal

低卡果醬與抹醬

做出健康的低卡麵包後,
也希望塗抹在麵包上的是低卡果醬或抹醬,
以下介紹的醬料都十分簡單易上手喔!

牛奶果醬

材料(完成品:約150g)

牛奶	500㎖
砂糖	30g
麥芽糖漿	1/2大匙
香草精	少許

作法

1. 在鍋裡放入牛奶和砂糖,置於爐火上。煮沸後轉至小火,避免滾燙的湯汁溢出。

2. 不時攪拌至糊狀,煮至鍋內份量只剩最初的1/4後加入麥芽糖漿,並以香草精增添香味。

保存期間:約3週(置於冰藏室)

約100g

類似產品 **430** kcal

↓

低卡食譜 **292** kcal

橘子醬

材料(完成品:約400g)

夏橘	2個
砂糖	50g
麥芽糖漿	2大匙
水	1杯

作法

1. 剝下橘子皮,仔細清洗後以攪拌器攪碎,浸泡在足夠的水裡約30分鐘後,瀝乾水分。並將果肉切碎。

2. 在鍋裡放入步驟1的橘子皮,倒入足夠水量,置於爐火上。煮沸時,一邊去除泡沫,一邊轉至小火,並續煮5分鐘。倒入濾網中,以流水清洗。重覆一次上述的步驟。

3. 在琺瑯瓷或不繡鋼鍋裡放入已瀝水的橘皮、果肉、砂糖、及材料中所標示的水量,置於爐火上。煮至鍋內只剩一半分量後,加入麥芽糖漿慢慢煮沸。

保存期間:約3週(置於冰藏室)

約100g ● ● ● 類似產品 **255** kcal

↓

低卡食譜 **142** kcal

奶油風味抹醬

材料（完成品：約130g）

蛋黃	1顆份
低筋麵粉	少於1小匙
牛奶	90*ml*
鹽	1小撮
┌ 果凍粉（吉利T）	1g
└ 水	1小匙
原味優格	1大匙

作法

1 浸泡果凍粉（吉利T）於材料中所標示的水量裡，使其澎脹。

2 在碗裡放入蛋黃與低筋麵粉後，再慢慢倒入牛奶，攪拌均勻，並過濾至鍋裡。

3 加鹽、轉至中火，煮沸後關火。倒入果凍粉（吉利T），溶解後再加入優格混勻。移至容器裡，覆蓋保鮮膜，放涼即可。

保存期間：約4天（置於冰藏室）

約100g

類似產品 **745** kcal

➡

低卡食譜 **105** kcal

花生醬

材料（完成品：約130g）

花生	50g
砂糖	4大匙
牛奶	2大匙
麥芽糖漿、煉乳	各1大匙
香草精	少許

作法

1 耐熱玻璃碗中放入牛奶、麥芽糖漿、煉乳，在微波爐中加熱10至15秒後，溶解混勻。

2 去掉花生薄膜後放入攪拌器裡攪碎。有一點點顆粒，吃起來較香。加入步驟1與砂糖、香草精輕輕拌勻即可。

保存期間：約3週（置於冰藏室）

約100g

類似產品 **758** kcal

➡

低卡食譜 **443** kcal

國家圖書館出版品預行編目(CIP)資料

好吃不發胖低卡麵包 / 茨木くみ子著；夏淑怡譯. --
二版. -- 新北市：良品文化館, 2016.02
　　面；　公分. -- (烘焙良品；1)
譯自：バター、オイルなしにでも こんなにおいし
い ふとらないパン
ISBN 978-986-5724-63-4(平裝)

1.點心食譜 2.麵包

427.16　　　　　　　　　104028850

烘焙良品 01

好吃不發胖低卡麵包(暢銷新裝版)

37道低脂食譜大公開

授　　　　權／茨木くみ子
譯　　　　者／夏淑怡
發　行　人／詹慶和
總　編　輯／蔡麗玲
執 行 編 輯／李佳穎
編　　　　輯／蔡毓玲・劉蕙寧・黃璟安・陳姿伶・白宜平
封 面 設 計／韓欣恬
美 術 編 輯／陳麗娜・周盈汝・翟秀美・韓欣恬
內 頁 排 版／造極
出　版　者／良品文化館
戶　　　　名／雅書堂文化事業有限公司
郵政劃撥帳號／18225950
地　　　　址／220新北市板橋區板新路206號3樓
電 子 信 箱／elegant.books@msa.hinet.net
電　　　　話／(02)8952-4078
傳　　　　真／(02)8952-4084

2016年2月二版一刷　定價280元

總　經　銷／朝日文化事業有限公司
進退貨地址／235新北市中和市橋安街15巷1號7樓
電　　　　話／02-2249-7714
傳　　　　真／02-2249-8715

版權所有・翻印必究

（未經同意不得將本書之全部或部分內容使用刊載）
※本書內容及完成實品僅供個人復印使用，
　禁止使用於任何商業營利用途。
　本書如有缺頁，請寄回本公司更換

Profile 作者簡介

茨木くみ子 IBARAKI KUMIKO

健康料理研究專家。聖路加看護大學畢業
後，以保健師身份從事健康管理業務。在工
作經驗中，深切體悟生活習慣病等現代文
明病幾乎都與飲食有密切的關係，於是開
始學習更深入的食物相關知識。建立茨木
COOKING STUDIO，並成立麵包、點心、
料理教室。同時透過雜誌、電視、演講等大
眾媒體，致力推廣對身體有益且美味的飲食
生活。著作有《ふとらないお菓子》、《炭水
化物ダイエット》、《ふとらないお菓子part2》
（皆由文化出版局出版）等。

作者網站
http://www.ibaraki-kumiko.com/

STAFF

卡路里計算／川上友理、渡部江津子
料理製作協助／原野素子、春井敦子、川村みちの
攝影／青山紀子
造型／塚本 文
裝訂、排版／鷲巢 隆、鷲巢設計事務所

卡士達草莓可麗餅

一人份 **213kcal**
↓
低卡食譜 **153kcal**

47道無添加奶油的超人氣甜點食譜大公開!

店鋪中的甜點好好吃,卻因為熱量太高,遲遲不敢購買嗎?
有了《好吃不發胖低卡甜點》才發現,
原來也可以大口吃甜點。
47道不添加油類及奶油的甜點食譜,
讓你不論是在製作還是享用時,
都可以沈浸在甜點帶給你的幸福感之中。

non butter

怎麼可能!
無添加奶油油還是一樣好吃!

好吃不發胖
低卡甜點
47道低脂食譜大公開

non oil

茨木くみ子
IBARAKI FUMIKO

茨木くみ子◎著
定價 280 元
良品文化出版

嚴選自然味烘焙，
就是極好吃！

本圖片摘自《世界一級棒的100道點心》

Taste・賞味01
法式甜點完全烘焙指南
作者：大山榮藏
定價：480元
19×26公分・144頁・彩色

烘焙良品06
163道五星級創意甜點
作者：橫田秀夫
定價：580元
19×26cm・152頁・彩色+單色

烘焙良品14
世界一級棒的100道點心
作者：西山朗子
定價：380元
19×24cm・192頁全彩

烘焙良品24
學作麵包的頂級入門書
作者：辻調理師集團學校：
梶原慶春・淺田和宏
定價：480元
19×26 cm・200頁・全彩

烘焙良品08
大人小孩都愛的米蛋糕
作者：杜麗娟
定價：280元
21×28公分・96頁・全彩

雅書堂 Elegantbooks

烘焙良品40
美式甜心So Sweet！
手作可愛的紐約風杯子蛋糕
作者：Kazumi Lisa Iseki
定價：380元
19×26cm・136頁・彩色

烘焙良品41
法式原味＆經典配方：
在家輕鬆作美味的塔
作者：相原一吉
定價：280元
19×26公分・96頁・彩色

烘焙良品42
法式經典甜點，
貴氣金磚蛋糕：費南雪
作者：菅又亮輔
定價：280元
19×26公分・96頁・彩色

烘焙良品43
麵包機OK！初學者也能作
黃金比例的天然酵母麵包
作者：濱田美里
定價：280元
19×26公分・104頁・彩色

烘焙良品44
食尚名廚の超人氣法式土司
全錄！日本 30 家法國吐司名店
作者：辰巳出版株式会社
定價：320元
19×26 cm・104頁・全彩

烘焙良品45
磅蛋糕聖經
作者：福田淳子
定價：280元
19×26公分・88頁・彩色

烘焙良品46
享瘦甜食！砂糖OFF的豆渣
馬芬蛋糕
作者：粟辻早重
定價：280元
21×20公分・72頁・彩色

烘焙良品47
一人喫剛剛好！零失敗的42款
迷你戚風蛋糕
作者：鈴木理惠子
定價：320元
19×26公分・136頁・彩色

烘焙良品48
省時不失敗的聰明烘焙法：
冷凍麵團作點心
作者：西山朗子
定價：280元
19×26公分・96頁・彩色

烘焙良品49
棍子麵包・歐式麵包・山形吐
司：揉麵＆漂亮成型烘焙書
作者：山下珠緒・倉八冴子
定價：320元
19×26公分・120頁・彩色

烘焙良品 50
微波爐就能作！
輕鬆手揉12 個月的和菓子
作者：松井ミチル
定價：280元
14.7×21公分・112頁・彩色

烘焙良品 51
愛上麵包 ——
法國麵包教父的烘焙教學全集
作者：Philippe Bigot
定價：580元
21×26・208頁・彩色

烘焙良品 52
免奶油OK！植物油作的38款：
甜・鹹味蛋糕&馬芬
作者：吉川文子
定價：280元
19×26・104頁・彩色